Christophe Cazenove　　Cosby

[法] 克里斯托夫·卡扎诺夫 著　　[法] 科斯比 绘　　郭纯 译

贵州出版集团
贵州人民出版社

1. **带盖水箱** 为了保证里面植物的新鲜度，要在盖子上钻洞，同时也避免进水太多，变成竹节虫的游泳池。
2. **通风盖** 不要太重，以防把我们的房子变成一个巨型玻璃缸。
3. **微微湿润的堆肥** 作为卵宝宝的轻柔摇篮。
4. **优质植物** 要新鲜，且符合饲养品种的口味。
5. **日常加湿器** 避免竹节虫蜕皮时缺水，也可以给它解渴。注意别和清洁玻璃的喷雾搞混了。
6. 一点儿**阳光** 对竹节虫的精气神有好处，也可以让植物产生光合作用。

## 繁殖

### 双性：交配

两只虫一起生活？不要，谢谢！为了避免干家务，雄虫和雌虫都是各过各的。但我们会私底下和亲密爱人约会。都说“同型相吸”，但我们这样的昆虫，两性之间会出现较大的体型差异，也就是所谓的“二态性”——这是针对体形差别较大的夫妇的无礼称呼，而这种现象在我们当中极为常见。

### 单性：孤雌生殖

“女孩我最大”这股潮流也传到了我们这儿。有些非常独立的雌虫已经不稀罕雄虫的保护了，它们毫不犹豫地进行孤雌生殖，而用这种方法只能产下未受精卵，只能孵出雌虫。那我们雄虫会怎样？我们存在的理由好像不怎么充分呀！

## 热带品种

作为养殖新手，您可以向好友要几只竹节虫。如果不行，也可以向有许可证的养殖场订购。一般来说，这些竹节虫都是热带品种，您可不能把它们放生在自己家周围的地方，因为这些外来的虫子可能会破坏当地的生态平衡。

# 小小国：昆虫之城

## 竹节虫的王国

**小小国是一个专为小虫子而设的主题公园，对我们竹节虫和其他昆虫来说，这是一片真正的乐土！**

这个地方的中心是一个有点儿特别的房间，那里同我们期待的一样炎热而潮湿，我们就住在里边。在这种热带环境中，我们得以避开捕食者的注视，平静地繁衍生息。为了确保我们每天的幸福生活，小小国的饲养员尽心照顾我们，他们给我们投喂最新鲜的树叶，不辞辛劳地给我们冲洗身体……

这里有竹节虫和别的昆虫的种群，各个物种在这里和谐共生：有 30 多种竹节虫，还有好多别的昆虫。我们之中最特别的要数原产于菲律宾的马格迪旺竹节虫，它是我们中最大的竹节虫，因此它占了一个最大的房间。

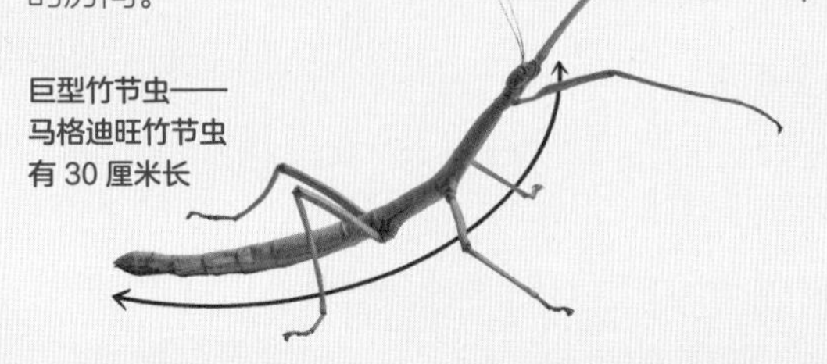

**巨型竹节虫——马格迪旺竹节虫有 30 厘米长**

在展示间里，您可以面对面地近距离观察我们。您也可以看到花金龟和螳螂，甚至有狼蛛！

如果您想来，可以沿着公路开到阿韦龙省的圣莱昂，此地距离米约 20 公里。这里从二月假期一直开放到十一月初，冬天休息，因为大家都去滑雪啦！

一会儿见！

**您会在小小国度过难忘的一天！**

位于阿韦龙省中心地带的昆虫城会给所有喜爱昆虫和自然的人带来沉浸式体验。全家人可以体验所有项目：有 15 间室内展示厅、超过 70 种的活体昆虫、各种肉食性植物、两部 3D 电影……一条室外参观步道——“昆虫狂欢节”。到了夏季，您还可以参观著名昆虫学家让 - 亨利 · 法布尔的故居。

扑通！
扑通！
扑通！

啊，你们在这儿！你们知道自己只能活二十来天吗？
扑通！
扑通！
扑通！

妈妈？
哦，别这样！我只是来告诉你们一些事！

你们绝不可能认识自己的妈妈！你们又不是耳夹子虫！

爸爸？
那更糟！它们只在授精的时候才出现！然后就跟大家拜拜了！

好吧，有些爸爸授完精后就死了，有些被自己的老婆一口给吞了……
啊呜
吞……吞了？

还有些被老婆按住头打了一顿！
砰！
砰！
砰！
它们也会死得很快！

好了，你们在这儿不是来数腿毛的！小虫子们！你们的目标是吃、吃、吃，就是吃！

吃是为了储存能量，便于接下来**蜕皮**！
你们要经历“蛹”这个中间阶段，这是你们蜕变为完美的“成虫”的重要一步，成虫是最高的级别，就像我一样！

啾！
哈！

现在还不用换地方！你们就在自己出生的地方找东西吃！
再说你们还没有脚！

得等你们有翅膀了才能飞得更远！

牢牢记住：如果迷路了，不要问路！

如果有虫子要帮助你们，那一定是陷阱！它们脑子里只有一个念头……
……把你们吃掉！

的确有些蚂蚁会帮助蚜虫或角蝉！
但是其他虫子，说完“你好”就会吃掉你！

所以说，我们的生活就是吃或被吃？
我们的未来就这……
要是你们能坚持20天，那么我保证……

对那些有野心的苍蝇来说，还有丰富多彩的生活等着它们！
除了在屎里待着？
美味！

一直以来，人类都需要我们来促进科学研究！我们可以进入太空……

可以用来研制疫苗……
你们呢？他们给你们接种了什么？
流感疫苗，阿嚏！！！
胃……
狂犬病疫苗！

或用来根除某些疾病！
多亏了这只勇敢的苍蝇，我们战胜了这种病毒！

所有这一切都是留给苍蝇精英的！而不是给你们这种长在野兔尸体里的蛆……

啾！
啪！

你们也知道，每只虫都是伟大的生命链条中的重要一环……

你们还是有点儿用处的！
砰！
啾！
FIN

奶奶，你看，我们是这样捉蟋蟀的！
嗯……
我们回家吧？
嚯！
嚯！
嚯！
嚯！
嚯！
嚯！

要非常有耐心！
首先悄悄挖个洞……

然后把一根粗草茎伸到洞里面，刮擦刺激蟋蟀！
掏！掏！

再用点儿力，它就出来了！
有些蟋蟀会跑得很快，一定要小心！这不只是个游戏！

有时……
看这个！
唧？

咦咦咦咦！

可是……

奶奶，快从房间里出来吧！
别怕，你出来没事儿的！
决不！
掏！掏！

# 口器内视图

孩子们，说说，这是什么？
敲
敲

呃……
呃……

下颚，对了！
这个呢？说说看。

呃……
呃……

上颚，很好！

呃……
呃……

呃……
就在这个下面！
对，上唇！
所有这些部件，让它能吞下和自己一样大的猎物！

滴！
啊—

要注意这些分泌物，它们会在猎物出现时突然喷涌而出……
怪恶心的！

还在？完了吗？能把你吃了吗？
先忍忍，大个子，我正在教孩子们呢！

## 蒙面猎蝽

**目/科：** 半翅目/猎蝽科
**属/种：** 蒙面猎蝽（*Reduvius personatus*）

**攻击力：** +3　**防御力：** +2

**简介：** 蒙面猎蝽是一种生活在老房子里的夜行昆虫。成虫能通过摩擦它们位于前胸腹板的口器来发出鸣叫声。

**体长**
最短：16毫米
最长：18毫米

**特技**
- 令人疼痛的叮咬
- 伪装

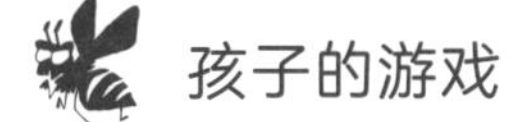

孩子们总是和
昆虫玩耍！

比如把蚂蚁放进纸板迷宫里……
我们不能光陪你玩！我们还有活儿呢！
?
?
?

把鳃金龟拴在细绳上……
呜——
我好晕！！！

组织一些奇怪的比赛……
我的蝈蝈能把你的金龟子远远甩在后面！
什么？谁说的？

还有传统游戏……
♫小虫子，你往♪哪儿飞我就在哪儿结婚！♬♪
嘿！
那你给我买个导航啊！
就这样，孩子们总是喜欢跟我们玩！

也不总是啦……

每次我们想和他们玩“谁叮上谁赢”的游戏，就没人了！嘿嘿！
嗡
嗡
嗡
嗡
咦！

女士们、先生们，
我有优质花粉！

哎，它怎么当着大家的面脱衣服呀！

这是蜕皮！所有的昆虫都会蜕皮！
我们也会？

对！对了，你一定要记得在外皮爆掉之前蜕皮……
为什么呢？

这可以让你变得更大！但是要当心……
咔咔！

在你的新外骨骼变硬期间，你很容易受伤！
走开，别靠近我！
这些没礼貌的家伙……

话说回来，这只适用于某些昆虫！
大多数昆虫，像是蝴蝶，它们蜕皮是为了获得新的器官，简而言之，是为了变为成虫！

蜕皮的纪录是由**斑衣鱼**保持的！它可以蜕六十多次皮！
当真？

快来买我蜕的皮吧！厚外套！大家都买得起，便宜！！！
酷！我们买点儿吧！
呃……这样做生意不合适吧！

你认识水蝎吗？

它是一种水生昆虫！
有人说它反应很迟钝，但它捕食的时候又变得很敏捷！

它的特别之处在于，它活着的时候都是屁股朝上、头朝下浸在水里！
呼！
噗！

它会把一根体管留在水面上，来吸取氧气！
噗！

这根体管……

很有用。

它能把空气……

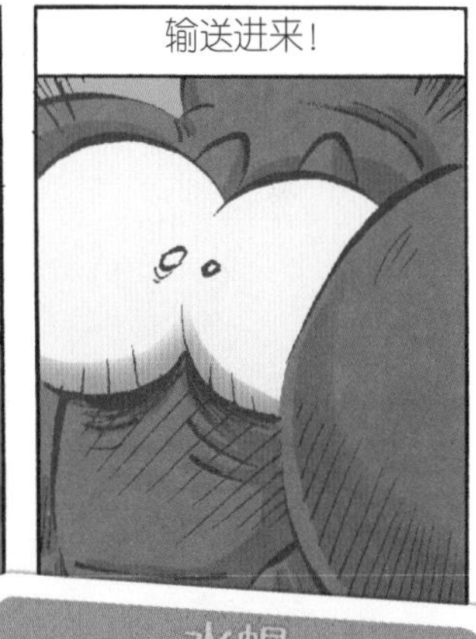
输送进来！

这可以用来给孩子们打气球！
呼
呼

水蝎
目/科：半翅目/蝎蝽科
属/种：灰水蝎（Nepa cinerea）
攻击力：+3
防御力：+2
简介：水蝎是一种生活在池塘里的蝽类。它的外表颜色使得它可以隐藏在淤泥里不被人发现，人们也因此叫它“水蝎”。
体长
最短：25 毫米
最长：40 毫米
特技
•在水下动作迅速
•锋利的足部

孩子们，
快来看……

熊猫蚁！
啃 啃
哦——

太可爱了！
呵呵！
像个毛绒玩具！
是的！
嗯？

太棒了！妈妈！
它太温柔了！

啊，大自然有时
真是太神奇了！

但……
这是什么？
螯针？

孩子们，
快回来！

不，不，尽管它的外表看起来像，但它既不是蚂蚁也不是熊猫，而是一种胡蜂！
嗝！
嗝！
好家伙！长
见识了……
一次干掉了
100个……
真厉害哪！

熊猫蚁
目/科：膜翅目/蚁蜂科
属/种：无翅胡蜂（Euspinolia militaris）
攻击力：+4
防御力：+3
简介：这种胡蜂没有翅膀，人们仅在智利发现过它们。让人颇感意外的是，这么大的昆虫只有2年的寿命。
体长
最短：30 毫米
最长：40 毫米
特技
·叮咬起来非常疼
·外骨骼非常坚硬

## 俗名

俗名是给那些还没有科学名称的昆虫的！
就是为了让它们自我感觉好点儿！

有些俗名很有欺骗性，比如：犀金龟……
我先捅再说！

蝎蛉……
这玩意儿不是用来杀虫的，是用来生孩子的……

虎蚁……
嗷呜！！！

还有其他更“野”的名字，比如：草虎或水蝎……
放马过来！
不，你先过来！

至于其他名字，那就很普通了。比如我，我叫漂亮豆娘。

我是可爱豆娘。
而我叫香蕉鼻涕虫！！！

我们已经厌倦了这些老土的名字！！！

给我们取名字的傻瓜就是在这儿上班的！
我要让他啃一堆香蕉！
昆虫命名办公室
我要让他看看我到底“可爱”不！
138

# 昆虫的听力

由于昆虫很少用声音来交流，
所以它们都没有耳朵。
对啊，我都没注意到。
你说啥？

但有些虫子，比如蝈蝈或蟋蟀，它们的**胫节**或腹部长有**鼓膜**。
再大声点儿，我的胫节不太好使了！
什么？

夜蛾的鼓膜长在胸上。
这个用来定位饥饿的蝙蝠超级好用！
胸
气囊
鼓膜
腹

啪！啪！
啊！
一只蝙蝠！
还是很饿的那种！

快，装死！

没戏！

但尽管有这些优点……
咚！

……它仍会因为没人前来帮忙而受伤！
哦！救命！你们聋了是不是？
呃，你们也没有耳朵？
你在说什么呢？
什么？

啦啦啦啦
啦啦啦！
你在干什么？

我跟你说过了这是个**卵鞘**，不是音响！卵鞘，你个蠢货！

这就像个装鸡蛋的盒子，但是比那更大一些！这里有200至300只小螳螂！

到了秋天，母螳螂会把卵产在草茎或是石头上！

它们到了冬天来不及变为成虫，但在卵鞘里可以躲过捕食者和严寒！

看，它们孵出来了！！！
咔！
咔！
咔！

啊呜！

哟
哦
哟
我说了，这不是个音响！

呃！这儿有只蝎蛉！
对，它也叫蝎蝇。

好了，它朝蛛网跑过来了！它是个懒鬼，喜欢偷东西吃！

你看，它向邻居下手了！

它这是在给我切碎食物吗？
你知道蝎蛉也在我们的网上吃东西吗？

吓吓它们……
这样……
拉

哎呀……
叮

咣！！

哇哦，你看它把自己整个打包起来了！
蝎蛉真太客气了！
啊！

蝎蛉
目/科：长翅目 / 蝎蛉科
属/种：未知蝎蛉（Panorpa sp.）
攻击力：+3
防御力：+2
简介：雄虫会发出一种强烈的味道，有弯曲的腹部。它会在求偶时向雌虫献上食物。
体长
最短：9 毫米
最长：25 毫米
特技
• 穿刺型口器
• 幼虫贪吃

## 草蛉

**目 / 科：** 脉翅目 / 草蛉科
**属 / 种：** 普通草蛉（*Chrysoperla carnea*）

**攻击力：** +2　**防御力：** +2

**简介：** 草蛉的幼虫是害虫的天敌，它们会先叮咬这些虫子，然后吸食它们的内脏。成虫则以花粉和蜜露为食。人们也叫它们金眼夫人。

**体长**
最短：10 毫米
最长：15 毫米

**特技**
- 穿刺型口器
- 幼虫贪吃

桦尺蠖？我当然认识桦尺蠖！

你看，这儿就有一只！但你知道在几百年前，这种蛾是纯白色的吗？

然而工业污染改变了桦树树皮的颜色……

树皮越来越暗沉，躲在上面的尺蠖就难办了！
你想啊，白色在褐色上……

于是，为了更接近桦树的颜色，它改变了体色！

它吗？
为什么这只还是白色的呢？

这，这是因为它在罢工！
罢工？

对，它不喜欢它的岗位！哈哈哈！

来吧，我们走，我保证这是品质之选！
用上颚尝起来味道都差不多！
你尝不出区别！
唉！

都是些脆酥酥的木头，有树脂味！有橡木、山毛榉！还有异国风味的，任君选择！
但那都不是天然的！

你考虑一下！是掺了一点儿化学成分，但是其中的木质素和纤维素都保留了下来！
也许我们小口小口吃就……

但是我喜欢在干净整洁的森林里吃饭！
那里也一样干净！

好吧……
走喽！

你看，树都已经被切割好了！这里还有木刨花和木屑！
我不想太依赖快餐！
弗莱伊
—家具—
促销
圣拉克鲁
促销

安东，你看，我们和你的那些虫子还是有所区别的！我们会养殖动物！
昆虫记
别忘了，18:00准时挤蜜露。还有，要持续监控蚜虫！这就是养殖业成功的秘诀！

## 金花虫

**目 / 科：** 鞘翅目 / 叶甲科
**属 / 种：** 美洲金花虫（*Chrysolina americana*）

**攻击力：** +2　**防御力：** +1

**简介：** 金花虫喜欢唇形花科植物（薰衣草、迷迭香、百里香……）。同其拉丁语名称不同的是，迷迭香金花虫源自北非。

**体长**
- 最短：5 毫米
- 最长：8 毫米

**特技**
- 五彩鞘翅
- 飞行

在秘鲁某片森林的深处……
你小心！这种毛虫肯定有剧毒！
ZZZ...

哥儿们，你被耍了！这只不过是一只伪装成毛虫的小鸟！
哈，好，你确定？
呼噜

这叫作贝氏拟态，即无害的生物模仿有毒有害的生物！
嗷呜！

真是疯了……因为我觉得这真的是只毛虫。
那就研究研究！
ZZZ!!!!

你是不是真的毛虫，小老弟？
!
拍拍！

嗷呜

真的是毛虫！！！
嗝

嘘！它还没走远，这次……
咕噜
我就说它真的是毛虫，你个傻蛋！

还好我们躲在这朵蘑菇下面！它看不见咱们！

## 小豆长喙天蛾

**目 / 科：** 鳞翅目 / 天蛾科
**属 / 种：** 小豆长喙天蛾
(*Macroglossum stellatarum*)

**攻击力：** +1 **防御力：** +3

**简介：** 小豆长喙天蛾是飞得最快的蛾类之一。因为它总在独自飞行，所以人们也叫它蜂鸟蛾。它喜欢吸食鼠尾草和薰衣草的花蜜。

**体长**
最短：40 毫米
最长：50 毫米

**特技**
- 悬停飞行
- 迁徙

# 有必要怕产卵器吗？

嗡嗡嗡
LA
LA
LA

咦！

咋了，你们没见过蝈蝈吗？

从来没见过屁股上有根尖刺的蝈蝈！
你是要烧烤吗？

这？这是我的产卵器！
但我更愿意称其为“钻头”，很像吧！
啧，它有一把大钻头……

对，我还可以说这是一把大刀、一把剑、一个尖……
啊不是，这就是我用来产卵的附属器官！

很多昆虫都有这个器官！有些虫子用它来刺穿木头、树叶或者别的小虫子……
但它还远远算不上是武器！
它不危险，真是太好了！

嗯……
呵呵……

啊！！！
太棒了，我还是想用它烧烤！
有现成的工具，不烤太可惜了！

**马上停下！你知
道不许骑着蚜虫
表演的！**

① 饰演过《夺宝奇兵》的主角。

② 出生于哥伦比亚的女歌手。

③ 美国著名歌手。

④ 英国著名女演员。

⑤ 美国著名演员。

我希望我有一天也能成为明星，位于海报的中心位置！

哎，蝎蛉，
你怎么无精
打采的！

跟你说，我整个白天都
在伺候苍蝇们吃饭……
我新找的
活儿！

可你不就是给苍蝇们上上菜吗？
这多简单！又没有别的客人！
嗯……

话是这样说，但是世界上有超过100,000种的
苍蝇：有吃肉的苍蝇、吃水果的苍蝇、喝奶的
苍蝇、喝葡萄酒的苍蝇……
所以呢？

没有两只苍蝇吃
一样的食物！
跟你说就没法儿
点菜……
服务员……
服务员，一份
新鲜的牛粪！
鸡屎好了吗？
我点的发霉
肉末呢？
请给我上一杯
腐烂的果汁！

木匠蜂是在5—7月间繁殖的。
这跟我想得不一样，这活儿一个人干不了！

它会把卵产在树干中空的洞里，还会给每粒卵建造一个小房间！
呃，光线不足！
明年我再改进吧！

关键是，一般情况下第一个被生下来的卵会最先孵化，到那时它会被其他卵堵住出不来！但大自然已经预见到了这个问题……
最先产下的卵
最后产下的卵
呼噜
呼噜
出口

事实上，最后被生下来的木匠蜂反而是最先孵化的，它是最先出来的！
这里堵住了？
你能出去吗？
当然，稍等两分钟……
敲
敲
伸展！

最里边的木匠蜂终于冒出头来！
外边太棒了，你不觉得吗？

哎，其实区别不大啊。

因为我们是在夏末出生的，所以正好撞上假期返程高峰……
嗡
嗡
嗡
嗡

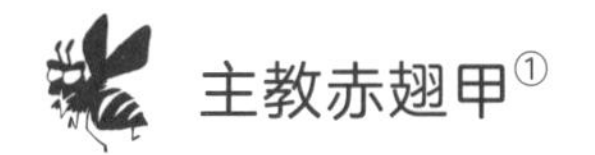

## 主教赤翅甲[1]

[1] 本节剧情是模仿欧洲历史上的宗教法庭。主教赤翅甲得名于它形似主教外袍的鞘翅；而红色也是魔鬼的代表色，所以天牛扮演的宗教裁判官认定它是魔鬼的化身。

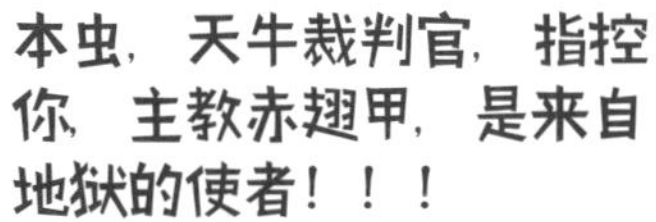

比如叶竹节虫吧，它没有受精过的卵会自动孵出雌虫。

而蚜虫，在气候宜人的季节里，雌虫生出来的都是已经长好的、母亲的克隆体！

至于**膜翅目**昆虫[①]，它们的受精卵只能孵出雌虫，没有受精过的卵才能孵出雄虫！

① 蜜蜂、胡蜂、蚂蚁。

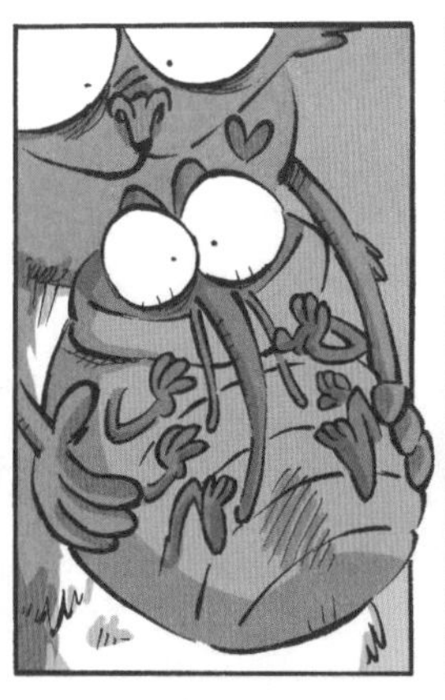

**坚果象鼻虫**是一种象鼻虫，它们会把自己的卵产在榛子里面。
榛子生虫就是它们搞的！

## 近鬃秆蝇

**目 / 科：** 双翅目 / 秆蝇科
**属 / 种：** 近鬃秆蝇（*Thaumatomyia notata*）

**攻击力：** +1　**防御力：** +1

**简介：** 这种小型食草蝇类会把自己的卵产在草地里。它的幼虫长得很像某些蚜虫。

**体长**
约 3 毫米

**特技**
- 寄生
- 聚集

对有些昆虫来说，
恐惧让它们神经错乱……

它们可能连一些基本功能都吓停了，
比如说最简单的进食或呼吸……对，
一只虫子是可能被吓死的。

你怎么回事儿，**蜣螂**，怎么把杀虫剂带给朋友了?
杀虫剂?

我、我以为这就是坨牛屎，我刚对自己说这是给我……
扑哧哧……

啊，它真美！
哇哈！大美虫！

不，我不是嫉妒！但你们刚才赞叹不已的那只最漂亮的“瓢虫”，它根本就不是瓢虫！
这让我很不爽！

这是一只筒金花虫！它就是长得和我们有点儿像而已！

哈！你嫉妒心也太强了！
不要因为人家漂亮就扯这样的谎！
你能给出证据吗？别瞎操心！

筒金花虫吃植物，而我们喜欢吃蚜虫！
我要把自己伪装成蚜虫，然后你们就能观察这位大美虫的反应了！

我要装得很像，你们会看到……

……
干什么？

开饭喽！那儿有只蚜虫，它是我的！
可我跟你们说了这是我呀！
嚼
嚼

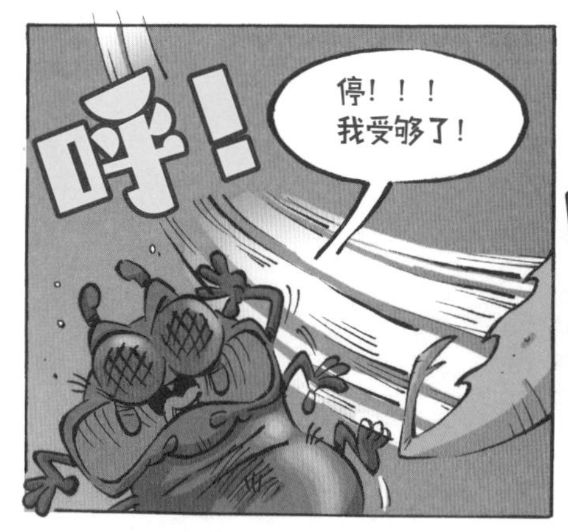

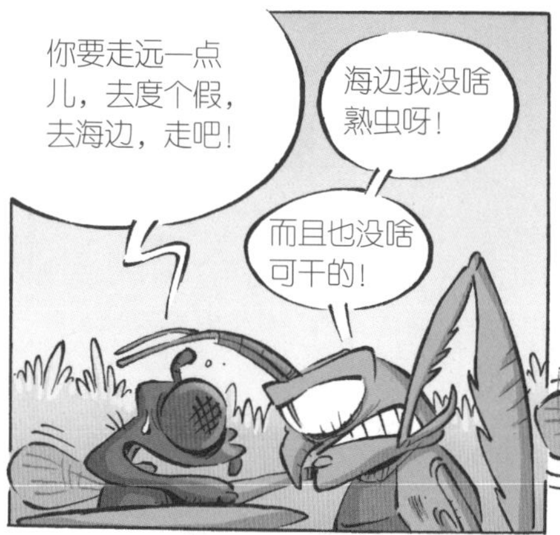

① 昆虫和甲壳动物共属节肢动物门，所以这里苍蝇说大家是亲戚。

你选的这条小溪真不错！

你看这儿的水非常干净，因为这儿有**石蝇**！
石蝇？

它们是一种**襀翅目**昆虫，就生活在水边，你看！
啊，那就是石蝇！

它们的身体非常脆弱，对光线又非常敏感，所以只在晚上出来！
好可怜的小家伙……

这也是为什么它们需要非常干净的水源，因为如果水有一丁点儿被污染，它们就会死！
吸溜！
吸溜！
吸溜！
吸溜！

人类也会用它们来测试水质，比如你会看到……

???

所以说你到底多久没洗澡了？
?
啊……
呃……

石蝇
目/科：襀翅目/石蝇科
攻击力：0
防御力：0
简介：这种昆虫从石炭纪起就生活在地球上了，石蝇的生存需要含氧量高的水源。我们之所以叫它石蝇，是因为总能在石堆或桥墩上找到它们。
体长
最短：3.5毫米
最长：30毫米
特技
• 对水质和光线很敏感

啪！
啪！
奶奶，你在干什么？

我要开始抓蝽虫了，安东！我讨厌这种脏兮兮的小虫子！

你知道有些蝽虫，比如说**臭蝽**或**环扣蝽**的身上有**芳香腺**吗？
嗯？那是用来干吗的？

这种腺体能释放出一些非常难闻的气味，非常臭，甚至让人感到头疼！

但如果你夹住鼻子，就不会难受了！
亲爱的，这主意太棒了！

呃……我已经在这儿找到了一只，它看起来……

啊！
噗！
噗！

砰！
呃！

你那个夹子一点儿用都没有，即使夹着我的头也疼……

哼哼……
哈哈……
别看了，这是只雄的！
孢子酒吧

你肯定？
对，但我告诉你，分辨雌雄并不容易！

仔细观察就会发现，雌虫总是会比雄虫要大一点儿！
对某些虫子来说……

小声点儿，如果女主人听到了，我们都要挨电蚊拍了！

然后，如果有触角，雄虫的触角会更长一点儿，因为这样会更容易捕捉女孩儿们的气味！

还有，脚长得也不一样，形状不一样！
嗯，是的，在不被抓住的情况下要很仔细才能看出来。

还有体重、颜色上的区别，有些雌虫的上颚很大！

但在螳螂身上就很简单……

那些没有头的肯定是雄的！
咔嚓！
咔嚓……

在各种蚂蚁中，最危险的要算那些有大长腿的疯狂蚂蚁！
啊？

比如说这种**长脚捷山蚁**，它们花了不到10年的时间，就消灭掉了圣诞岛上的2000万只螃蟹！
呀！
砰！
啊！

美国的**火蚁**则可能是妨碍鸟类筑巢以及破坏其鸟巢的罪魁祸首！
飞吧！

在加利福尼亚，**阿根廷蚁**会把其他种类的蚂蚁都吃掉，因此当地的蜥蜴只能挨饿！
这种又小又凶的蚂蚁遍地都是，我们都没吃的了！
呃

至于**电蚁**，**加拉帕戈斯象龟**已经被它们咬得失去了视力和生育力！
你们别抱怨了，要不是我们，岛上哪来的电力，哈哈！

要知道它们在加蓬对大象也做了同样的事！
对，我知道，因为你们这草原上才有了电！
哈！哈！

好吧，相比之下，我们这种最普通、最正常、毫无攻击力的蚂蚁……

如果那只狗不想跟我们分享食物，就算了，别逞能了！
我要给它一记勾拳！
不，你不能……
呃啊!!!

好啦，好啦，你们别吵了，让我来向你们宣布谁才是最好的种植行家！

好，你是一只植菌蚂蚁吧？你会收集叶子、花瓣和细树枝……

……存放在你的蚁穴里，用来种一些自己可以吃的蘑菇！
完全正确！

而你，蘑菇，会让这些蚂蚁染上你的孢子，然后你就可以控制它们的大脑！
这是不对的！
我承认……

你让它们四处游荡，一旦找到了合适的地点，它们会紧紧咬住一片叶子直到死去……
吱吱
啊！
咔嚓！

你会从蚂蚁身上长出来，这就是你传播的方式！
咕噜！

在我看来，很显然……是蘑菇更胜一筹！

你看到了吧，我已经成功控制了这只金龟子！
呵呵呵！
是的，主人！

胡蜂对糖完全没有抵抗力。

有一只会爬进你的易拉罐里。

然后当你要喝的时候，它就会咬你的嘴巴！

# 昆虫的目

小虫虫们，在你们变为成虫以前的最后一课，我想给你们讲讲那些不完美的昆虫……
就是那些非双翅目昆虫——不像我们苍蝇这种完美的昆虫，只要一对看得见的翅膀就能飞！
昆虫的历史可以说就是翅膀的历史。
翅膀的数量、形状、位置……
美与丑……
比如说鞘翅目的昆虫，它们的前翅变硬了……
很坚硬……
但也很普通……
蝴蝶（鳞翅目的昆虫）有两对翅膀，前翅覆盖着彩色的鳞片……
不过是虚张声势！
蜻蜓目的昆虫有两对水平的翅膀，比如说蜻蜓……
它们特别吵……
一对会飞的翅膀藏在一对更硬一些的翅膀下面：这是异翅目的虫子！
比如说很难闻的臭蝽……
昆虫有几十个目！全都记住有点儿难……
拍张能把大家都塞进来的全家福也不容易！

# 竹节虫不见了

**您认识我吗？不，我不是一截普通的树枝，而是一种竹节虫！我们有时能将自己那必不可少的六足完全藏好不见，我们在善于伪装的昆虫中独树一帜！**

我们拥有各种类似植物的外表，根据个体种类的不同，可以模仿出树枝到树叶的各种形态，我们的目标就是让捕食者看不出来。在自然界里，毫无怜悯可言，如果不伪装，我们的归宿就是某只鸟的嘴或某只蜥蜴的胃！安静一点儿的独居生活比较适合我们。不拥挤、消耗少、噪声小，同群居昆虫相比，我们的生活有不少优点……还不会打扰到邻居！

**下面请了解我的一些同类：它们的外表、它们的习性……以及您作为饲养者可能会用到的一些小技巧。**

# 几个易于饲养的种类

## 竹节虫的种类！

如果您观察力强，且运气不错，就有可能近距离地观察到3种在法国出现的具有代表性的杆竹节虫中的一种。

我们大多数喜欢生活在热带的炎热气候下，沐浴在太阳的金色光芒中！以下您会欣赏到我们最原始、最强壮的同伴。但您必须要跑到几千公里远的地方才可以看到！

## 1 金牌

**名称：**长角棒蝓或棒竹节虫

**产地：**东南亚

**体长：**10 ~ 11 厘米（雌性）/约 9 厘米（雄性）

**食物：**荆棘叶、榛树叶、橡树叶……

**生长周期：**卵：3 到 4 个月；若虫：4 到 5 个月；成虫：3 到 6 个月。

**防卫方式：**这种竹节虫会伪装成木杆，其足会沿着身体折叠起来。如果有只足被抓住了，竹节虫会主动弃之逃离，这种防御机制被称为“自切”。如果其处于若虫阶段，这只缺失的足会再长出来。

**获得金牌的原因：**生命周期很短，较为容易繁殖，对养殖者来说，捉起来没有风险。

## 2 银牌

**名称：**幽灵竹节虫或冠竹节虫

**产地：**澳大利亚

**体长：**约 15 厘米（雌性）/ 约 9 厘米（雄性）

**食物：**荆棘叶、橡树叶、桉树叶……

**生长周期：**卵：4 到 8 个月；若虫：4 到 5 个月；成虫：雄虫 4 到 5 个月，雌虫 8 到 11 个月。

**防卫方式：**会伪装成枯叶，雌虫会将腹部卷起，摆出像蝎子一样的姿势，雄虫在遇到危险的时候会飞走。

**获得银牌的原因：**这种竹节虫纤细脆弱，捕捉时要小心。

## 铜牌

**名称：**异翅竹节虫或巨扁竹节虫

**产地：**马来西亚

**体长：**约 15 厘米（雌性）/ 约 12 厘米（雄性）

**食物：**荆棘叶、榛树叶、橡树叶……

**生长周期：**卵：11 个月；若虫：10 个月；成虫：雌虫 7 到 12 个月，雄虫 5 到 9 个月。

**防卫方式：**雌虫伪装为绿叶，雄虫伪装为树枝。雌虫会用翅膀发出一种“皱纸”般的声音，它也会卷起腹部，把足部向后高高举起，亮出锋利的爪子，朝着地上扑去。

**获得铜牌的原因：**卵的孵化期和若虫生长期太长了。捕捉这些竹节虫时，一定要戴上手套，以防被抓伤。

### 竹节虫若虫

我们的孩子跟我们长得一模一样：如出一辙的微型形态，除了父母会有翅膀和生殖器官。

不同于蚂蚁的幼虫和人类幼儿，我们的孩子成熟得早。它们很小就学会了自切逃生，我们也不会为了要喂它们一口吃的或让它们学会走路而筋疲力尽！

### 这儿有个引人注目的家伙——肖乳香拟竹节虫

这位来自秘鲁的亲戚，和我们这家人有点儿不一样。它属于某个冷门的种类，醒目的配饰颇为扎眼：小小的红翅膀、黄色的眼睛、橘色的大颚以及黑丝绒般的身体。它一点儿也不低调，白天就大摇大摆地出来了。但注意不要离得太近，如果有人冒险去激怒它，这位好兄弟可是会释放一种有毒物质！

# 如何为竹节虫提供一家附设美味餐饮部的三星级旅馆？

## 蜕皮

**这不是一只死竹节虫，这只是一件旧外套！**

在度过生命中最初的几周后，竹节虫会对它们的皮肤感到不适。它们必须摆脱掉甲壳质构成的外壳，它已经太窄了。为此，要拉开头部后面的拉链，沿着整个背部拉开，呼！它们穿着新皮肤出来了，特别合身！但旧的蜕皮不会传给它的小弟弟，而是立刻就被正在长身体的竹节虫吃掉了……它不吃素了！

## 产卵

**别扔呀！这不是屎，也不是种子，而是我们宝贵的后代！**对，它们也会伪装！我们的妻子很有创造力，它们有好几种产卵的方式：产出卵散播在土里、粘在植物叶片上，或是放在肚子上……为了达到最实用的效果，自备“手铲”的“播种机”就长在腹部末端，我们称其为“产卵器”。但别指望太太们会在产卵后照顾孩子，它们可不是母鸡妈妈还会孵蛋！

一只雌性巨棘竹节虫的产卵器。

爆笑看点 篇篇有
昆虫知识 学到手
飞得最快的昆虫·战斗力最高的昆虫·力气最大的昆虫
放屁20万吨的昆虫·伪装成便便的昆虫
……
跳蚤吃恐龙？昆虫能吃鸟？
蟑螂能当“搜救犬”？蚂蚁也有“空调”？
蜜蜂会做数学题？
昆虫的血液有多少种颜色？
绿色印刷产品
芥子园